U0010366

【全新改版】

一分鐘經理

The New One Minute Manager

每天花一分鐘，有效率的領導並激勵跟你肩並肩的夥伴

肯・布蘭佳（Ken Blanchard）& 史賓賽・強森（Spencer Johnson）◎著
Monica Chen◎譯

晨星出版

Help People Reach Their Full Potential.
Catch Them Doing Something Right!

協助人們發揮全部的潛能
發現他們「做對的事情」

'01 標誌

一分鐘經理的標誌用意是為了提醒每一個人，每天花上一分鐘，看看我們所領導、管理的人，並意識到，他們是我們最重要的資源。

目次 Contents

一分鐘標誌 005
作者的話 008

一分鐘經理的故事

追尋之旅 010
一分鐘經理 016
第一個祕密：一分鐘目標 028
一分鐘目標：重點整理 040
第二個祕密：一分鐘讚美 044
一分鐘讚美：重點整理 056
評價 060
第三個祕密：一分鐘檢討 064
一分鐘檢討：重點整理 076

CONTENTS '01

一分鐘經理的解釋 078
一分鐘目標為什麼有效？ 084
一分鐘讚美為什麼有效？ 098
一分鐘檢討為什麼有效？ 106
新一分鐘經理的誕生 124
新一分鐘經理的管理流程圖 126
給自己的禮物 128
給他人的禮物 132
致謝 136
關於作者 139
邁向下一步 142

'01 作者的話

自《一分鐘經理》出版至今，世界上已經發生了不小的變化。為了因應日新月異的高科技與全球化浪潮，各組織必須仰賴更少的資源，做出更迅速的反應。為了幫助大家在不斷更迭的時代下持續領導、管理與創造卓越，我們在此鄭重推出全新修訂版的《一分鐘經理》。

舊版的故事啟發了遍布全球的數百萬人，此次新版所要傳達的核心理念不變，因此故事內容不會相差太多。

然而，不只世界在改變，一分鐘經理也是。如今他有一套更強調協作的方法來領導並激勵眾人。

一分鐘經理剛開始傳授三個祕密法則時，由上而下的領導模式仍為常態。但如今有效率的領導模式更像是肩並肩的夥伴關係。這也是讀者將在新版中所看到的改變。

如今人們在工作與生活中都渴望追求更多成就。在得到歸屬感的同時，他們也希望自己的付出是有意義的。對於拉長工時換取生活所需則不再是熱門選項。

以上這些，新的一分鐘經理都懂，並依此調整了管理眾人的方式——因為他知道這些人的付出才是組織成功的關鍵，而如何吸引並留住人才則是首要之務。關鍵在於他所採用的新策略。

如同孔子曰：「學而時習之，不亦悅乎？」

我們相信讀者在看完本書後，一定會忍不住想在同事或者部屬，甚至家人以及朋友身上試試看一分鐘經理所告訴你的三個祕密法則。

如果你真的這麼做了，我們也有信心你和一同工作或者生活的對象，都將擁有更加健康、快樂以及富有效率的生活。

肯・布蘭佳 Ken Blanchard, PhD

史賓賽・強森 Spencer Johnson, MD

The Search

追尋之旅

從前，有一位年輕人，他不斷尋找著能夠在這瞬息萬變的世界上，領導並管理眾人的經理人。

他希望能找到一位懂得鼓勵眾人平衡工作與生活的經理，並擁有更具意義的豐富生活。而他希望為其效力，甚至是向那位經理看齊。

這趟追尋之旅已經經歷了數個年頭，而他也走遍了天涯海角。

他曾經造訪無數小鎮，也到訪過眾多繁華都市。

他訪問了許多嘗試應對快速變化時局的經理：包含了執行長、企業

家、政府官員、軍隊長官、大學校長以及基金會董事，他們來自各行各業，像是商店、餐廳、銀行以及旅館；他們之中有男有女，有老有少。

他也造訪過各種辦公室，空間有大有小，風格有的高調奢華，有的簡單樸實，甚至還有辦公室存在著有窗戶與沒有窗戶的差別。

他看過各式各樣的管理方式，並開始能夠從中看見管理方法的全貌，但他卻總是覺得還差了一點，不甚滿意。

他看過許多「鐵血嚴厲」的經理，雖然看起來公司贏了，但實際上員工卻輸了。

有些人認為這些經理很棒，有些則抱持著相反意見。

每當年輕人坐在「鐵血型」經理的辦公室，他都會提出一個問題，「你覺得自己是一個怎麼樣的經理呢？」

這些經理的答案總是大同小異：「我是一個結果論者，狀況永遠在我的掌控之中。」

這些以「頑強」「務實」「利益導向」為準則的經理表示，這就是他們一直以來的領導方式，並認為自己沒有改變的必要。

年輕人感受到了他們語氣中的驕傲以及對成果的執著。

這位年輕人也見過許多「友善和氣」的經理，看似讓員工贏了，實際上卻讓公司輸了。

有些部屬覺得他們是很棒的經理，但他們的上司對此卻抱持著疑慮。

當年輕人坐在他們的辦公室，照例向他們詢問相同的問題，「你覺得自己是一個怎麼樣的經理呢？」

這些「友善型」經理們會說：「我是一個親力親為的經理。」

這些「善於鼓勵」「體貼」「充滿人性」的經理也認為，這就是他們的行事作風，無須任何改變。

年輕人感受到了他們語氣中的驕傲以及對眾人的關愛。

但他卻覺得好像哪裡不對。

世界上絕大多數的經理看起來都只會使用他們習以為常的管理方式，不是只注重人，就是只關注成果。

注重成果的經理常會被貼上「專制」的標籤，而關心眾人的經理則會被貼上「民主」標籤。

年輕人比較了一下兩種類型——「鐵血專制」或者「友善民主」——無論哪種都將顧此失彼。彷彿大家都只能當半個經理，他心想。

他心灰意冷地回家。

其實他早就可以放棄，但他的優點之一就是知道自己想要追尋什麼。**在這不斷變換的時代，最有效率的經理應該懂得如何管理自身以及共事的夥伴，使組織及個人都能獲得最大程度的利益。**

年輕人找遍了大街小巷，只為尋找一個真正有效率的經理，卻幾無所獲，他僅發現少數幾位有成效的經理。但這些他費盡心思所找到的經理，卻不願與他分享箇中祕訣。他開始覺得，也許他永遠都找不到他所嚮往的經理人。

然而，就在此時，年輕人開始聽到人們談論起一位十分特別的經理，績效非凡，聽說人們喜愛為這位經理工作，並一起創造出了良好的成果。

更令他訝異的是，這位經理就住在附近的一座城鎮。

他還聽說，人們將這位經理的法則套用在私生活中，同樣能得到了良好的效果。

年輕人不禁心想，這些故事到底是不是真的？如果是的話，這位經理是否會願意與他分享他的祕密呢？

基於好奇，他撥通了經理祕書的電話，並詢問是否有機會會面。

出乎他的意料，祕書馬上就將電話轉給了這位經理。

於是，年輕人詢問經理何時方便會面，經理回答：「除了星期三早上，這個禮拜任何時間都可以。你自己選吧。」

年輕人滿頭問號，他心想，什麼樣的經理會有這麼多空閒的時間？但這同時也引起了他的興趣，並決定去見他一面。

The New One Minute Manager

一分鐘經理

當年輕人抵達這位經理的辦公室時，他正望著窗外。經理轉過身，並邀請他坐下來，接著詢問道：「有什麼是我可以幫助你的嗎？」

「我聽了很多關於你的好話，所以想更深入了解你管理的方式。」

「我們的管理方式是採用全新角度，活用過去驗證有效的方法，並用來應對當下的變化。不過這部分待會再談，讓我們從最基礎的開始。」經理說，並進一步開始解釋，「我們公司以前採取的是上對下的管理方式，這在過去的時代是沒有問題的。但這種方式到了現在，卻明顯趕不上變

化。不僅對部屬起不了激勵作用，又會扼殺創意。現在的客戶要求更快的服務與更好的產品，因此我們需要每個人都發揮他們的才能與潛力。知識的力量不局限於做決策的辦公室——而是在整個組織當中無所不在。」

經理補充道，「在現代，速度就是成功的關鍵。因此比起過去慣用的命令與控制，以合作的方式領導眾人才更有效率。」

聽到這裡，年輕人接著問道，「所以你是如何以合作的方式領導眾人的呢？」

「每個星期三早上，我會和我的團隊開會——這也是為什麼我沒辦法在那個時間和你見面。我會在會議上聆聽他們回顧與分析過去一週的成果、他們所遇到的問題、待完成的工作，以及他們將採用何種計畫與策略來完成這些項目。」

「所以決策是你和你的團隊在會議中一起決定的嗎？」

「是的。」經理說，「開會的目的就是要讓大家參與決策，並決定重要的下一步該怎麼走。」

「所以你算是親力親為型的經理嗎？」年輕人問道。

「也不能這樣說。我盡力協助，但不參與其他人決策的過程。」

「那你開會的目的是什麼？」

「我剛剛不是告訴過你了嗎？」經理回道。

聽到經理回答，年輕人感到有些不自在，後悔自己不應該問錯問題。

經理停頓了一下，並換了口氣，「我們開會是為了得到結果。有效運用每個人的才能，我們才能更具生產力。」

「噢，所以你是成果導向，而不是人心導向。」

「如果想在更短的時間內成功，一個經理就必須兼顧成果與人心。」經理起身並開始踱步，「如果沒有這些員工，我們如何成功？我在乎人，也在乎結果，因為他們從來不是單獨存在的。」

他走向電腦，並向年輕人示意，「你過來看看這個。」他指向他的電腦螢幕，「我把這句話設為螢幕保護程式，時刻提醒自己不要忘了這個實用的真理。」

擁有良好狀態的人
才能創造出好的成果

當年輕人望向螢幕時，經理又說道：「就拿你自己當作例子吧！你在什麼時候會表現得最好呢？是你感覺狀態很好的時候嗎？還是感覺狀態不好的時候呢？」

年輕人點點頭，察覺了這個淺顯易懂的道理，「我在狀態很好的時候，做事更有成效。」

「想當然耳，大家和你都是一樣的。」

「所以說，」年輕人問道：「幫助人們保持良好狀態，就是生產力的關鍵。」

「沒錯。但是要記得——生產力不僅僅只是關注工作的數量，品質也是非常重要的。」經理走到窗邊，並向年輕人招呼道：「你來看看這個。」

他指著下方的餐廳，並向走近窗邊的年輕人詢問道：「你有沒有看到那間餐廳有多少客人？」

年輕人觀察到餐廳外排著長長的人龍，說道：「這裡的地點肯定很好吧！」

經理又問：「如果只是地點好的話，那為什麼隔壁那間沒人排隊呢？為什麼客人想吃第一家餐廳，而不是第二家呢？」

「也許他的食物跟服務比較好？」年輕人回答。

「沒錯。這是很簡單的道理。如果你無法提供客人想要的產品與服務，那麼你的事業必然不會長久。」經理說道，「然而很多人卻會忘記這個簡單的道理。達到成功最大利器就是人！餐廳之所以會成功，要歸功於在餐廳裡工作的那些人。」

經理的話激起了年輕人的興趣。待他們回座後，年輕人說：「你表示自己不是親力親為型的經理。那麼你會如何形容你自己呢？」

「你可以叫我新一分鐘經理。」

年輕人面露詫異：「叫你什麼？」

經理莞爾一笑道：「他們都這樣稱呼我，因為我們總是不斷發掘如何在最短的時間內，得到最棒的效果。」

儘管年輕人此前已經見過無數位經理，但這樣的對話卻還是頭一遭。他很難相信有人真的能在短時間內取得卓越的成果。

經理看出了年輕人臉上的疑慮，說道：「你不相信我，對不對？」

「何止相不相信，簡直無法想像。」

經理又笑了，說道：「聽我說，如果你真的想知道我是一個什麼樣的經理，你為何不直接問問我們團隊裡的人呢？」

經理用電腦列印出了一份名單，並交給年輕人，他說：「這是我管理的六位員工的姓名、職位以及電話號碼。」

「我應該要找誰呢？」年輕人問。

「你自己決定吧！誰都可以。你可以只找一個人，也可以找全部的人。」

「我意思是說，我應該要先找誰呢？」年輕人又問。

「就像我剛才跟你說過的，我不幫其他人做決定。」經理堅定地回答道：「請你自己做出判斷。」接著經理陷入沉默，彷彿過了一世紀之久。

此時，年輕人開始感到不自在，恨不得自己沒開口問過經理該做什麼樣的決定，明明他是可以自己判斷的。

接著，經理起身將年輕人送到門邊，說道：「我看得出來，你很努力地想找到領導與管理眾人的方法，我很欣賞你這點。」

「如果你和我們團隊的成員聊過之後，還有其他問題，」他補充道：「歡迎你隨時回來找我。」

「我很樂意將一分鐘管理術當作一份禮物送給你。那曾是別人教我的，而這份禮物完完全全改變了我，讓我從此變得很不一樣。等你了解了其中的奧妙，我猜你也會希望能夠成為一位一分鐘經理。」

「謝謝你。」年輕人回道。

當年輕人走出辦公室後，他遇到了經理的祕書寇特妮小姐。

寇特妮對他說：「從你若有所思的表情來看，我猜你已經見過我們經理了。」

年輕人搔著腦袋瓜，還在努力釐清思緒，他說：「你猜沒錯。」

「有什麼是我可以幫忙的嗎？」她問。

「有的，他給了我一份訪問名單，讓我能夠與他們聊聊。」

她看了一下上面的名字，說道：「有些人這週出差了。不過泰瑞莎．李、保羅．崔內耳還有強．理維今天都在辦公室。我幫你打電話跟他們確認一下方不方便。」

「太感謝你了。」年輕人說，並起身前往第一間辦公室。

Notes

第一個祕密：一分鐘目標

The First Secret: One Minute Goals

當泰瑞莎看到年輕人抵達她的辦公室時，她摘下眼鏡對他笑了笑：

「我聽說你已經見過我們經理了。他是個厲害的傢伙，是吧？」

「看起來是的。」

「他是不是建議你來和我們聊聊他的領導方針？」

「正是如此。」

泰瑞莎說：「他的方法真的不可思議地有效。我到現在還是很驚訝，

自從我學會怎麼做好我的工作之後，他幾乎不用花時間在我身上。」

「真的嗎？」

「你最好相信。我現在幾乎都看不到他了。」

「你意思是說他完全不幫你嗎？」年輕人問道。

「和我初期相比少得多了。不過，在我剛接下新任務或新職責的時候，他還是會花時間協助我，和我一起訂定一分鐘目標。」

「你提到的一分鐘目標是什麼？」

「一分鐘目標是一分鐘管理術的三個祕密之一。」

「三個祕密？」年輕人迫不及待地想知道更多。

「是的，」泰瑞莎說道，「設定一分鐘目標是一分鐘管理術的開始。你知道，在大部分的公司中，當你分別詢問員工和他的老闆，這名員工的工作內容的時候，你經常會得到兩個不一樣的答案。事實上，在我曾任職的許多單位，我所認定的職責與老闆所認定的職責，時常有出入。最後就演變成，我因為沒有做到我職責範圍以外的工作而惹上麻煩。」

「在這裡也曾經發生過這種事嗎？」年輕人問。

「從來沒有！」泰瑞莎說，「在這裡不會發生這種事。我們的經理會和我們一起弄清楚職責範圍以及我們被委派的任務。」

「所以他都怎麼做呢？」年輕人非常想知道。

「用史上最有效率的方法，」泰瑞莎笑著回答，「事實上，我最近喜歡叫他新一分鐘經理，因為他現在用的方法比以前還要更有效。」

「這話怎麼說？」

她解釋道：「舉例來說，與其為我們直接規定目標，他會先聽取我們的意見及工作內容，然後手把手和我們一起設定目標，而不是全由他說了算。當我們在最重要的目標上取得共識後，我們會將之逐條寫成一頁。一分鐘經理認為，一個目標及其預期表現——包括工作事項的待完成內容與完成期限——都不應該超出一頁至兩頁，這樣才能在一分鐘之內閱讀審視。當我們將目標精確地寫下來之後，便能更快速地查閱，並將精力集中在重要的任務之上。最後，我會把目標檔案用電子郵件寄給經理並保存底稿，讓一切都一目瞭然，無論是我或他都能定期地確認我的進度。」

「如果每個目標都要寫成一頁的話，那每個人不就都會有很多頁嗎？」年輕人問。

「不，其實沒有。」泰瑞莎說，「我們信奉所謂的八十／二十法則。八十％的重要成果來自二十％的目標。所以我們只針對那二十％設定一分鐘目標，也就是聚焦在我們職責中最關鍵的部分，所以大概會設定三個到五個目標。當然，如果出現特殊活動或計畫，我們會另外訂定專案的一分鐘目標。」

她繼續說：「因為每個目標計劃都能在一分鐘內複習完畢，所以我們也被鼓勵時不時看看自己正在做的事，確認是否和當初設定的目標相符。如果沒有的話，我們就會開始調整工作內容。這讓我們更有機會成功。」

年輕人忖度道：「所以你會自我檢查工作內容是否符合預期，而不是等著經理來提醒你？」

「是的。」

「也就是說，在某種意義上，你就是管理你自己的人？」

「正是如此。」泰瑞莎點點頭。

「事情會變得更簡單，」她補充道，「因為我們知道自己的工作是什麼。經理了解我們，同時也確保我們理解何謂好的表現。換句話說，預期成效與執行標準對我們雙方來說都是非常明確的。雖然我們不少人都是遠距工作，經理因此未必能親身示範給每個人看，但他還是有他的辦法。」

「你可以給我一些例子嗎？」年輕人好奇的問。

「當然可以，」泰瑞莎說，「例如說，我的其中一個目標就是要找出工作上的問題，並且想出解決方法，以便能夠改變狀況……」

剛開始來這裡工作不久時，我在出差期間發現了一個需要解決的問題，但我不知道該怎麼做，於是，我就打電話給一分鐘經理。

他接起電話時，我說：「我發現了一個問題。」

但我還來不及說下一句話，他便回答，「很好！我們就是請你來發現問題的。」緊接著便是一陣尷尬的沉默。

當下我根本不知道該說什麼，最後只好結結巴巴地說：「嗯……但是……我不曉得要怎麼解決這個問題……」

「泰瑞莎，」他說，「你的其中一個未來目標就是要能自己找出問題並解決問題。不過看在你是新人的份上，讓我們來好好談談吧！先告訴我，你發現了什麼樣的問題。」

於是，我試著盡可能地將這個問題描述清楚。但我其實非常六神無主，覺得很緊張又怕挨罵。

不過，經理一句話就緩和了我的情緒，「那你能不能告訴我是因為員工做了什麼、或者沒做什麼才導致這樣的結果發生？」

聽他這樣一問，我才開始將注意力拉回到問題本身，而不是放在自己身上，並順著他的問法來解釋問題。

在聽完我的想法後，他說：「泰瑞莎，你很棒！那接下來請你告訴我，你希望他們怎麼做？」

「我不太確定我知道……」我說。

「那等你知道後，你再打電話給我。」他說。

當時，我震驚到無法動彈好幾秒鐘，我真的不知道該說些什麼。最後他很好心地打破了沉默。

「如果你說不出你希望他們怎麼做，」一分鐘經理說，「那代表你根本還沒發現問題所在，你只不過是在抱怨而已。唯有正在發生的事情與你所期望發生的事情有落差時，才能稱得上是一個問題。」

我反應很快，馬上就得出了我所期望的情況，並告訴他。而他又接著問我，是什麼導致了現實與期待之間的誤差。

順著問題回答後，他又問我，「那你現在要怎麼做呢？」

「我可以試試看A方案。」我說。

「你覺得做了A方案之後，就能達到你的預期嗎？」他問。

「不能。」我說。

「那就不是個好辦法。還有其他你能做的嗎？」他問。

「我可以試試B方案」

「做了B方案就能達到你的預期嗎？」他又問。

我開始意識到了，並再次回答他，「不能。」

「那這也是個壞辦法，」他說，「還有其他事情是你能做的嗎？」

我想了幾分鐘後，開口說道：「我可以做C方案。但就算做C方案，狀況也無法達到我的預期，所以我想這也不是個好方法，對吧？」

「對，你終於掌握到訣竅了，」他開玩笑地說，「那你還有其他選項嗎？」

我如釋重負地笑了，並說道：「也許我可以試試看結合這些方案。」

「聽起來好像值得嘗試。」他說。

「其實如果我這禮拜做A方案，下禮拜做B方案，下下禮拜再做C方案，我就能解決這個問題了。」我忍不住向他說道，「太棒了！謝謝你幫我解決了我的問題。」

「並不是我解決問題，」他堅持地說，「是你自己解決了問題。我只是幫你問了以後你可以問你自己的問題。」

「我當然知道他用意何在。他是向我示範了如何自行解決問題。」泰瑞莎為故事簡單下了總結。

「這是你剛剛提到過的，經理確保大家知道何謂好表現的部分嗎？」年輕人問。

「是的。經理透過示範讓我了解這套運作方法並學會獨立作業。」

「在我們通話的最後，他說：『泰瑞莎，你做得很好。下次當你又發現問題的時候，可別忘記我們今天的對話。』」泰瑞莎靠在椅背上，彷彿在回味著她第一次與經理交手的過程。

「我記得，那時我放下電話後，忍不住笑了。我意識到他幫自己在未來省下了很多力氣。」

「因為你已經可以學著自己解決問題了？」

「沒錯，他希望團隊裡的每個人都可以享受把工作做得又快又好。」

年輕人想了一會兒後說：「這樣的確能讓組織反應更快，因為團隊裡的每個人都有能力自行採取行動。」接著，他又說，「你介意我把剛剛談論的內容簡單做個整理嗎？」

泰瑞莎說：「好主意。」

年輕人寫道：

一分鐘目標：重點整理

One Minute Goals Summary

有效的一分鐘目標，需要：

1. 共同制定計畫，並簡短清晰地記錄。同時定義何謂好的表現及成效。
2. 讓人們將目標及完成期限，歸納成一頁。
3. 要求人們時常審視他們最重要的目標，這照理來說應該用不到幾分鐘的時間。
4. 鼓勵人們花一分鐘確認自己正在做的事情，並檢查是否與目標相符合。
5. 若兩者不符合，則鼓勵他們重新思考自己正在做的事，幫助他們更快掌握目標。

年輕人將他的重點筆記拿給泰瑞莎看。

「就是這樣！」她說，「你學得很快。」

「謝謝。」他開心地說。

「所以，如果一分鐘目標是一分鐘管理術的第一個祕密，那另外兩個是什麼呢？」

泰瑞莎咧嘴一笑，看看她的手錶後說：「不如你去問問保羅．崔內耳吧！你之後的行程就是要去見他，對吧？」

他很驚訝泰瑞莎竟然知道他的行程。他起身握了握她的手，說：「好的，謝謝你。不好意思，佔用了你那麼多時間。」

「不用客氣。我現在最多的就是時間。如你所見，我現在也是一分鐘經理了。」

「你的意思是說，你已經能夠察覺到各種變化，並且靈活運用一分鐘管理術的三個祕密了？」

「是的。」泰瑞莎笑著說，「不瞞你說，隨機應變也是我的一分鐘目標之一。」

Notes

第二個祕密：一分鐘讚美

The Second Secret: One Minute Praisings

年輕人在離開泰瑞莎的辦公室後，仍驚訝於這套管理術的內容十分簡要。但他心想，其實蠻有道理的。畢竟，如果你和你的團隊不清楚目標、也不知道何謂好表現，你又怎麼可能成為一位有效率的經理呢？

當年輕人抵達保羅・崔內耳的辦公室時，他很驚訝迎接他的人竟然如此年輕。保羅看上去只有二十多歲、三十歲出頭。

「所以你見過我們經理了。他是個厲害的傢伙，是吧？」

年輕人好像有點習慣聽到經理被稱作「厲害的傢伙」了。

「我猜他是的。」

「他有和你提到他的管理之道嗎？」

「有的。所以，他說的都是真的嗎？」年輕人問道，心想也許保羅會給他跟泰瑞莎不一樣的答案。

「當然是真的。我的前老闆是個連雞毛蒜皮的小事都要管的人，但我們的一分鐘經理可不信這套。」

「你意思是說，他都不管你嗎？」

「沒有管得像一開始我還在學習時那麼多，他現在更信任我了。」保羅說，「不過在我接掌新的計畫或新的職責時，他仍然會花時間從旁協助我。」

「嗯，我剛剛已經聽說過一分鐘目標了。」年輕人打斷道。

「其實我想說的不是一分鐘目標，而是一分鐘讚美。」

「一分鐘讚美？這是傳說中的第二個祕密嗎？」

「是的。我剛開始在這裡工作的時候，經理就已經非常清楚地告訴我，他會怎麼跟我共事。」

「他會怎麼做？」

「他會針對我做的事情給予清晰好懂的建議，這樣對我來說，事情會變得比較簡單。他說這將幫助我成功——他也提到我很有才能，他很想留住我。他還說，他希望我可以在工作之中找到樂趣，並成為公司的助力。」保羅接著說道，「他告訴我，他會用非常明確的語言，讓我知道自己哪裡做得很好、哪裡需要改進。他也警告我，剛開始時，我們可能彼此都會感到有點不舒服。」

「為什麼？」

「他給我的解釋是，因為這有違一般經理的管理方式。但他向我保證，如果在工作上取得成功對我來說很重要，那我一定很快就能意識到，這些建議將是無價的利器。」

「你能給我一些相關的例子嗎？」

「沒問題，」保羅說，「我開始在這裡工作之後就發現，在我和經理設定完一分鐘目標之後，他會一直與我保持密切的聯繫。」

「具體來說，他是怎麼做的？」

「有兩種方法。第一，他會觀察我的行動。就算他遠在他鄉，他也會透過各種數據觀察我的表現。第二，他會要求我向他報告我的工作進度。」

「對於這種作法你覺得如何？」

「一開始我有點不安。然後我就想到他跟我說，一開始他會先試著觀察我，尋找我做對了什麼事情。」

「做對了什麼事情？」年輕人忍不住重覆道。

「對，沒錯。在我們公司的經理之間流傳著這麼一句話。」

幫助人們
發揮他們全部的潛能
找出他們做對的事情

即便年輕人見過無數經理，卻從沒聽過哪個經理會做這種事。

保羅繼續說道：「在絕大多數的組織裡，經理們大部分時間都是在觀察大家有沒有做什麼？」

年輕人心領神會微笑說道：「做錯。」

「沒錯！」保羅也笑道，「我不是在雙關喔。」

「在這裡我們強調正向，也就是找出人們做對的事，尤其是當他們剛開始一項新任務的時候。」

年輕人做了一些筆記，接著抬頭問道：「當他發現你做對了之後，接著他會做什麼？」

「他會給你一分鐘讚美，」保羅愉快地說道。

「這是什麼意思？」年輕人問道。

「當他發現你做對了某件事，他會非常清楚地告訴你，你到底做對了什麼事，以及他有多麼地高興。」

「他會稍微停頓，讓你感受一下他的喜悅，接著他會鼓勵你繼續保持，再次加強讚美力道。」

「我想我從沒聽過會這樣做的經理，」年輕人說，「你應該也覺得很棒吧？」

「答案是肯定的，原因很多種。第一，我一做對事情就會馬上得到讚美。」保羅微微將身子靠前，並坦言道：「不需要等到績效考核，你懂我的意思嗎？」

「我懂，」年輕人說。「乾等著被打分數的感覺真的很不好。」

「同意。」保羅接著說，「第二，因為他明確地表揚了我做得好的部分，讓我確信他知道我在做什麼，而且他的讚美也是真心的。第三，他的態度及言行前後一致。」

「前後一致？」年輕人覆誦道。

「對，在我把工作做好時，他會稱讚我，即使當下他或者公司遇到困難，甚至他正煩心著其他事情，他仍舊會站在我的立場給予反應，而不是受他的處境左右。對於這點我心懷感激。」

「但這種讚美方式難道不會佔據經理太多時間嗎？」年輕人問道。

「不會。你要記住，要讓某個人知道他做得很好，不代表要花很多時間稱讚他。通常只需要一分鐘不到就可以完成這件事了。」

年輕人說：「這就是你們稱之為一分鐘讚美的原因嗎？」

「是的。」保羅說。

「所以，他會一直找出你做對的事？」

「不，當然不是，」保羅回答道，「通常他會在一開始的時候這樣做，例如你是新人，才剛開始在這裡上班，又或者你剛開始一件新任務、新職責的時候。當你掌握訣竅以後，你就會發現，他不再那麼常出現了，因為他對你已經產生了信心。」

「真的嗎？這種落差不會令人感到失望嗎？」

「並不會。因為我們還是可以透過其他方法得知自己的工作表現是否值得讚許。我們可以參考公開數據，像是銷售數字、支出、生產進度等等。」

「用不著太久，」保羅補充道，「你就能開始意識到自己做對的事，然後誇獎自己。你會期待經理不知道什麼時候又會誇獎你——他有時真的會——這樣一來就算他不在身邊，你也會繼續努力工作，非常不可思議。我一生當中從來沒這麼賣力、這麼享受工作過。」

「原因是：現在當我被讚美時，我知道那是我應得的。我發現這能幫助我建立自信，而自信是極為重要的。」

「為什麼擁有自信那麼重要呢？」

「因為這份你應得的自信，將能夠幫助你面對眼前的各種變化。我們必須要有足夠的自信才能勇於創新，並走在時代的尖端。」

「這就是為什麼經理寧願給你機會讓你自己解決問題，而不是插手你的決定嗎？」

「是的。此外，這也能幫經理省下更多時間。我也是這樣經營我的團隊的，所以他們每個人也都變得更加出色了。」

「我想我明白這之間的邏輯了。你們將一分鐘目標與讚美結合，讓每個人都能展現出最好的一面。」

「就是這樣。」

「你能給我一點時間，讓我把一分鐘讚美的重點寫下來嗎？」

「當然可以」保羅說。

年輕人寫道：

一分鐘讚美：重點整理

One Minute Praisings Summary

有效的一分鐘讚美，需要：

前半分鐘

1. 立刻讚美，越快越好。
2. 讓對方知道他做對了什麼——要明確地表達。
3. 讓對方知道這件事讓你多麼高興，且多麼有助益。

停頓一下

4. 稍微停頓一下，讓他們有時間感受喜悅。

後半分鐘

5. 鼓勵他們繼續保持。
6. 清楚地展現出你對他們的信心，以及支持他們成功的心情。

「所以說，如果一分鐘目標與一分鐘讚美分別是第一個與第二個祕密，那第三個祕密又是什麼呢？」

保羅從椅子上起身：「不如你去問問強・理維吧。我聽說你等會兒要去見他。」

「是的，沒錯。感謝你陪我聊了這麼久。」

「沒事。我時間多著呢。如你所見，我現在也是個一分鐘經理了。」

年輕人點點頭。這不是他第一次在這裡聽到這句話了。

他踏出辦公大樓，沿著行道樹邊走邊思考著他所發現的一切。

他仍舊不敢相信這套理論聽起來竟然如此普通簡單。

怎麼能反駁「找出他人做對的事」所帶來的好處呢？年輕人心想。**畢竟誰不喜歡被讚美呢？**

但一分鐘讚美真的有效嗎？他仍有些遲疑。**這套一分鐘管理術真的能為公司帶來實際效益嗎？**

年輕人的步伐不斷向前，好奇心也逐漸升高。所以，他決定返回經理祕書的辦公室，並詢問是否能將他與強．理維的會面改到明天早上。

他向寇特妮解釋道，他希望能在見強．理維之前，先與掌握公司各部門訊息的人員會談。

「強說明天早上沒問題，」寇特妮掛上電話說道，接著她撥通電話到市中心，安排了年輕人與麗茲．阿奎諾會面。

寇特妮說：「我相信你能從她那裡得到你想要的資訊。」

年輕人謝過她後，突然感覺肚子餓了，於是便走到對街上買了點東西吃，並為下一個行程做足準備。

Notes

The Appraisal

評價

午餐過後，年輕人前往市中心與麗茲．阿奎諾會面。他禮貌性地說明來此處的原委後，年輕人開門見山地問道：「根據你手上的數據，公司內部管理得最好的是哪個部門呢？」

話才剛問完，年輕人就被麗茲的回答給逗笑了，因為她說：「你已經見識過了呀！表現得最好的就是新一分鐘經理的部門。他掌管的單位是全公司上下最有效率、績效也最好的地方——永遠都是如此。無論世事怎麼變化，他總是有方法應對。他是個厲害的傢伙，是吧？」

「真的厲害，」年輕人說，「是因為他使用了最先進的設備與科技嗎？」

「不是，」麗茲說，「他甚至都用最舊的呢！」

「他不可能這麼完美吧？」年輕人依舊有些參不透新一分鐘經理的祕密。「那他手下的員工流動率高嗎？」

「拜託，」麗茲說，「不可能都沒有人員流動，即使是他的部門也會有人來來去去。」

「啊哈！」年輕人心想，這下總算捉到他的把柄了。

「那這些人離開新一分鐘經理的部門之後都去了哪裡？」年輕人問。

「我們通常會讓他們成立新的團隊，」麗茲回答，「新一分鐘經理是我們最優秀的人才開發大師。每次公司出現新的空缺，需要有能力的人來擔任經理時，我們第一個就會想到他，因為他的麾下總有已經準備好上場的人才。」

年輕人聽得意猶未盡。他向麗茲道謝，感謝她撥出時間見他——這次他得到了一個與之前不同的回答。

「很開心今天能見到你，」麗茲說，「不然我這禮拜其他時間都非常忙。我真的很想知道一分鐘經理是如何持續創造好的表現。我一直想去見他，只是找不到時間。」

年輕人笑著說道：「等他跟我分享完他的祕密，我再全部告訴你，當作是送給你的禮物，就像他與我分享一樣。」

「聽起來是個很棒的禮物，」麗茲回以微笑，並環顧自己凌亂不堪的辦公室，嘆了口氣，「而且看起來我真的很需要這份禮物。」

年輕人離開麗茲的辦公室。走出大樓時，他搖了搖頭，滿腦子都是都是那位神奇的一分鐘經理。

當天晚上年輕人輾轉難眠，不斷想著明天——因為第三個祕密就要揭曉了。

The Third Secret: One Minute Re-Directs

第三個祕密：一分鐘檢討

翌日清晨，年輕人在九點準時抵達了強．理維的辦公室。他一如既往地聽到了這一句話——「他是個厲害的傢伙，是吧？」

現在的他已經能十分誠懇地回覆道：「是的，他的確是！」

強說：「他真的很厲害。他在這間公司那麼多年了，卻仍然能夠與時俱進。他讓一切保持新鮮。他不斷進化，精益求精。」

「他和以前最不一樣的地方是，現在他會在我們做錯事的時候給出回饋意見。」

「做錯事的時候嗎？我以為這裡的座右銘是**找出每個人做對的事**。」

「是這樣沒錯，」強回答，「但是，你要知道，我在這裡也工作一段日子了，這套管理方法我已經熟到不能再熟了。所以，經理其實根本不需要花時間在我身上使用一分鐘目標以及一分鐘讚美。我通常會在和他開會之前，就把目標寫好，然後再跟他一起確認。」

「你也是一頁一個目標嗎？」

「沒錯，內容最多不會超過一頁或兩頁，也就是一分鐘之內就能複習完畢。」

「我熱愛我的工作，我很在行做好我的工作。我也學會適時誇獎自己。老實說，如果連你都不支持你自己，那誰又會支持你呢？」接著強又補充道，「當然我也支持大家。」

「所以經理都不讚美你了嗎？」

「偶爾還是會。只是他並不需要經常做這件事，因為我對他已經了若指掌了。當我真的做得很棒的時候，我甚至會自己要求他讚美我。」

「你怎麼敢做這種事？」年輕人問。

「這就像是一場不會輸的賭局，只有我贏或者平手。如果他誇獎我，那就是我贏；如果他不誇獎我，那就算是平手。反正我也沒有損失。」

「我喜歡這個想法。」年輕人不禁露出微笑，「但如果事情出了差錯呢？」

「錯誤是一定會發生的。如果我或者我團隊中的成員犯了十分嚴重的錯誤，那我可能就會被一分鐘檢討。」

「一分鐘什麼？」年輕人問。

「一分鐘檢討。這是第三個祕密的最新版本。」

「讚美不是每次都能生效，必須搭配檢討才能修正錯誤並延續效果。」強說，「我通常不太喜歡被人糾正，但檢討能夠幫助我回到正軌並完成目標。無論我或公司都能因檢討而受惠。」

「在以前那個由上而下管理的年代，第三個祕密叫作一分鐘懲戒，這在當時是很有效的。不過面對時代更迭，新一分鐘經理也做出了調整。」

「做出調整？」年輕人問。

「是的。如今我們必須用更少的資源、更快的速度完成更多的工作。而人們也期許在工作當中獲得更多滿足與價值。」

「為了因應市場變化，現在每個人都必須不斷學習。今天我可能還是某個領域的專家，但明天我的領域可能就消失了。一分鐘檢討能幫助我學習，讓我看到自己需要改進的地方。」

年輕人又問：「具體怎麼實行呢？」

「很簡單。」強說。

「我就猜你會這麼說。」

強笑了笑繼續說道：「當我犯了一個錯誤時，經理會馬上做出反應。」

「他會如何反應？」

「首先，他會確認當初是否有把設定的目標講清楚。如果他發現這部份沒有做好，那他就會擔下責任，並且再次釐清目標。」

「接著，他會將一分鐘檢討分成兩個部份進行。上半部份，他會將焦點放在錯誤本身；下半部份，則會將焦點轉移到我身上。」

「他什麼時候會採取這項行動呢？」

「一旦他發現錯誤，他就會馬上和我確認事實，並且找出是哪個環節出了差錯。他講話非常直白。」強接著說，「接下來，他會告訴我這個錯誤帶給他的感受，以及直接了當地指出錯誤將可能如何影響我們的績效。說完他的感受之後，他會停頓幾秒鐘，讓我有時間吸收理解。這短短幾秒鐘的沉默卻出奇地有分量。」

「怎麼說呢？」

「因為沉默的這段時間，讓我有機會去思考錯誤，以及這個錯誤可能對我或者對公司帶來的衝擊及影響。」

「他會沉默多久呢？」

「真的就是短短幾秒鐘，但當下卻是度秒如年。」，強繼續說道：

「在檢討的下半部份，他會提醒我，我的錯誤並不代表我本人，而他仍對我充滿信心與信任。他會說他不希望再看到相同的錯誤，並期待繼續和我一起工作。」

「一分鐘檢討似乎讓人有機會反思自己的作為。」

強點頭說道：「的確是的。」

「關於一分鐘檢討的關鍵，你可以再說得詳細一點嗎？」

「當然可以。一分鐘經理會毫不避諱地指出錯誤，讓我知道他其實什麼都看在眼裡，以及他不願讓我或者我的團隊被誤認為平庸、無能。」強繼續說，「他會在一分鐘檢討的尾聲，特別強調我以及團隊的價值，讓我不至於變得喪氣或豎起防備，也因此我不會想推卸責任來合理化自身的錯誤。」

「尤其是當你知道他會在大家不清楚目標時，承擔起錯誤的責任，這便足以證明他是個公正的人。」

「一分鐘檢討只需要一分鐘左右的時間，而且結束就是結束了。但是你會深深地記得這一分鐘。而且，他以充滿鼓勵的方式結束這段對話，所以會讓你更想趕快回到正軌。」

「我了解你的意思了，」年輕人說。「我擔心我問他……」

強打斷道：「你該不會請他幫你做決定吧？」

年輕人一臉尷尬地說：「對。」

強莞爾一笑：「那麼你應該略懂被一分鐘檢討時是什麼感覺了。希望他沒對你太嚴苛。」

「通常對還不熟悉公司文化的新人，我們會給予比較溫和的一分鐘檢討，以免讓他們灰心喪志。畢竟，我們的目標是幫助大家建立信心，以追求更好的表現。」

「我想他對我應該還算溫和，」年輕人說，「不過，我想我再也不會拜託他幫我做決定了。」

接著他問：「他難道就沒有犯過錯嗎？他聽起來近乎完美。」

強笑著回答道：「當然有，他也是人。但當他犯錯時，他會第一個承認自己的錯誤。他甚至會鼓勵我們在他可能誤解時，主動提醒他。雖然這種情形很少見，但經理表示，這樣可以幫助他減少未來可能會犯的錯誤。這也是為什麼我們喜歡和他一起工作的原因之一。」

「他有時講話很直接，但還好他的幽默感總能化解凝重的氣氛。例如說，他非常擅長找出我的錯誤，但有時候他會忘記自己的一分鐘檢討只做了一半。」

「忘記的另一半是指他忘了跟你說『他還是很看好你』嗎？」

「對。他如果忘記的話，我會開玩笑提醒他。」強笑著說。

「真的假的？」

「不過，我會先想一下我到底做錯了什麼？有什麼地方是我可以改善的？」強接著說道，「不久前，我才打電話跟他說，我知道自己哪裡錯了，也絕對不會再犯第二次，說完我就忍不住笑了，接著我跟他說，你還欠我一半的一分鐘檢討，你忘了幫我增強信心，我很需要，不然我心情無法平復。」

「他怎麼回你？」

「他也笑了，然後向我道歉。他一直都想跟我說，他依舊對我很有信心，也非常信賴我。通話結束後，我覺得我心情好多了。」

「太神奇了吧！」年輕人說。

「是的。他的幽默感不僅幫助了自己，也幫助了他周遭的人。他教我們犯錯時要懂得開自己玩笑，以及改善問題才能真正釋懷錯誤。」

「哇！你最後是怎麼學會這一招的呢？」

「效仿他啊！」

年輕人終於開始意識到，這樣的一位經理有多麼地彌足珍貴。

「我發現第三個祕密延續了一分鐘管理術的精髓。首先，設定明確目標、利用讚美加強對成功的自信、透過檢討反省錯誤。無論哪一個祕密都讓人們保持良好狀態，並創造更多佳績。」年輕人說，但他還是有疑問，「不過為什麼目標、讚美和檢討結合在一起的效果會這麼好呢？」

「這個答案我就留給我們的一分鐘經理來為你解答吧！」強邊說邊起身，並將年輕人送到門口。

年輕人向他道了謝，感謝他撥時間碰面。

強笑著說：「我想你應該已經知道我會回你什麼了。」

說完他們相視而笑。年輕人很開心，他感覺自己彷彿不再是個訪客，而是這個公司的一份子了。

當他走出大樓，他才意識到強在短短的時間內，為他提供了龐大的資訊量。

他趕緊提筆記下，當一個人犯錯時，該如何進行一分鐘檢討。

一分鐘檢討：重點整理

One Minute Re-Directs: Summary

當確定最一開始設定的目標明確時，有效的一分鐘檢討，需要：

前半分鐘

1. 檢討越快進行越好
2. 首先釐清狀況，接著與對方一起審視錯誤——切記說話清楚扼要。
3. 表達自己對錯誤的感受，以及錯誤可能導致的後果。

停頓一下

4. 稍微停頓一下，讓他有時間思考錯誤。

後半分鐘

5. 記得告訴對方，這個錯誤本身並不能否定他的價值。他在你心中仍是個優秀的人才。
6. 提醒對方，你仍對他抱持信心、保有信賴並願意扶持他走向成功。
7. 檢討在當下結束，而後不溯及既往。

若非年輕人親身體驗過，他或許也無法相信一分鐘檢討的效果。即使他經歷的已經是比較溫和的版本，他也絕不想再嘗試一次。

然而，只要是人都會犯錯。他知道自己若在一分鐘經理手下做事，並在犯下重大錯誤時，可能遭受更嚴厲的檢討。

然而，他卻不以為憂，因為他知道，至少他會得到公平的評價。

走回經理辦公室的路上，年輕人不停地想著一分鐘管理術的神奇魔力以及這三個祕密如何與時俱進，以因應這個瞬息萬變的世界。

的確，這三個祕密聽起來都非常有道理。但他仍不禁心想：**為什麼它們的效果那麼好？**

而且，為什麼新一分鐘經理至今仍是公司內部生產力最高、最受愛戴的經理人？

The New One Minute Manager Explains

一分鐘經理的解釋

當年輕人抵達經理的辦公室時，寇特妮對他說：「經理還在想說你何時會回來找他呢！」

年輕人走了進去，再次驚覺辦公室的井然有序。

經理用溫暖的微笑迎接他，「你的旅途有收穫嗎？」

「簡直棒呆了！」

「告訴我，你都發現了些什麼？」

「我發現他們稱呼你為新一分鐘經理的原因。因為你會不斷修正你的三個祕密。你會與你的團隊一起擬定一分鐘目標，並確保所有人都知道自己該負責什麼，以及定義何謂好的表現。」

「接著你會找出大家做對的事，並給予一分鐘讚美。反之，當你發現有人犯錯時，你則會給予一分鐘檢討。」

「你對於以上這些方法有什麼想法？」

「我很驚訝這些方法只需要利用一點點時間，卻帶來極大的效果。」年輕人接著猶豫了片刻，並說道：「我希望我這樣問不會冒犯到你。但你真的認為身為經理只需要這麼一點時間就能完成所有的事嗎？」

經理笑著說：「當然不。這只是一種讓複雜的工作變得易於管理的方法。鎖定目標或者針對人們的表現給予回饋，的確都只需要一分鐘。」

「三個祕密或許只佔我們工作內容的二十％，但卻能幫助我們達成另外八十%的績效。即所謂的八十／二十法則。」

經理接著問：「你還有其他發現嗎？」

「這裡的人顯然很享受工作，你會與他們相互配合並取得好成績。我相信這套方法對你很管用。」

經理向他提出保證，「你要是願意試試看，你會發現，這套方法對你也很管用。」

「如果能更深入了解這套方法為何管用，或許我會更有意願嘗試。」

「當然，大家都是這樣的，年輕人。愈是了解某個方法為何有用，人們就更願意使用它。」經理說，「給你看看我電腦上的備忘錄。」

年輕人聞言看向螢幕，接著映入眼簾的是：

投資在人身上的時間
是最有價值的

「許多公司在人事成本上花費大量的資金，卻僅規劃少量的預算用在培養人才，這是十分諷刺的一件事。實際上，大部分的公司在建築物、技術與設備上都花費更多金錢與時間，而非人材養成及培訓。」經理說。

「我從未想過這件事，」年輕人坦承，「不過，如果人才是完成目標的關鍵，那麼投資在人才身上，應該也是很合理的。」

「正是如此。」經理也透露道，「我很希望有人在我剛開始工作的時候就願意投資在我身上。」

「這是什麼意思？」年輕人問。

「大部分我待過的地方，經常讓我搞不清楚自己到底該做什麼，沒有人告訴過我。如果你問我，我的表現如何，我可能會說：『我不知道』或者『應該還可以吧。』如果你繼續問我，為什麼我會這麼想，我可能會說：『因為老闆最近都沒罵我』或者『沒人說我不好，那就是好囉。』彷彿我工作最大的動機就是避免挨罰。」

年輕人說：「我想我能明白為何你的管理方法獨樹一格了。但我還是很想知道到底為什麼這三個祕密會那麼有效？」

「舉例來說，設定一分鐘目標為何有效呢？」

一分鐘目標為什麼有效？

「你想知道一分鐘目標為什麼有效，」經理重複道，「可以。」他起身並開始緩緩地在房間內踱步。

「我打個比方，這些年來我在很多公司裡，看過許多人在工作時沒有動力，但我工作這麼多年來，從來沒看過下班後沒有動力的人。」經理說，「例如，多年前的一個晚上，我在保齡球館遇到了一名讓我在前公司印象非常深刻的『問題員工』。我看到他往前小跑步，丟出手中的保齡球，接著開始又叫又跳，忍不住大聲歡呼。你覺得他為什麼那麼興奮？」

「因為球瓶全倒了？」

「你說的沒錯，那你覺得他或者其他人，為什麼在工作中就無法那麼興奮呢？」

年輕人沉思了一會兒，「因為他們不知道球瓶——也就是目標在哪裡。我懂了。如果他們看不到球瓶，又怎麼會想繼續丟球呢？」

「沒錯，」一分鐘經理說，「我相信很多經理並不知道他們的部屬其實搞不清楚目標在哪裡。」

「當人們不清楚你對他們的期待為何，局面就會變成一場沒有效率的保齡球賽。你擺好了球瓶，但員工卻在丟球時發現，球瓶前面擋了一張紙。即使球擊中了球瓶，他也只能聽到聲音，而看不到有幾根球瓶倒下。這時候如果你問他，他表現得如何，他也只能說：『我不知道，感覺應該還可以吧。』」

「這就像在晚上打高爾夫球。我曾經問了很多放棄打高爾夫球的朋友原因，他們說：『因為球場太擠了。』」

「我問，那為什麼不選在晚上人比較少的時候打呢？他們聽了便笑我說，誰會想要在看不清楚目標的情況下打高爾夫球呢？」

「團隊運動競賽也是如此。如果沒辦法計算得分，比賽又有什麼好看的呢？又有多少人願意看呢？」

「也是，但為什麼會這樣呢？」年輕人問道。

「因為對於人們來說，最重要的動力來自於回饋。大家都想知道自己到底做得好不好。」

「我們這裡其實還有一句很值得傳誦的金句：『**回饋是勝利者的早**

餐。』反饋促使我們不斷精進。遺憾的是，有些經理即使明白了反饋是最棒的動力，卻仍要員工玩著第三方保齡球。」

「現在不只有球瓶、擋住視線的紙，甚至還多了另一項新元素——紙的後方站了一位主管。當員工丟出手中的球，聽到球瓶倒下的聲音，接著看到主管伸出了兩根手指，表示他擊倒了兩根球瓶。『你打中了兩根』，你覺得大部分的主管會這樣說嗎？」

「不會，」年輕人苦笑道。「他們會說：『你少打中了八根。』」

「沒錯！我以前常會問：為什麼主管不能『把紙拿起來』？這樣一來不是大家都能看見球瓶嗎？答案是，因為傳統的主管會等著做績效考核。」

「等著做績效考核？」年輕人不解地大聲覆誦道。

「沒錯！」經理問，「為什麼大部分的人都要等到考績出來，才能知道自己表現如何？才知道自己哪裡做錯了？」

「而當部屬得知他甚至因此無法得到某項獎金或升遷時，你覺得他會做何感想？心生辭職跳槽的念頭又需要多久？」

「我知道答案。只要一分鐘！」年輕人開玩笑道。

經理也跟著笑了出來。

「為什麼這些主管、這些經理要這麼做呢？」年輕人問道。

「因為這樣他們才能看起來很厲害，有做好工作。」經理說。

「這是什麼意思？」

「如果你幫每個部屬都打滿分，你覺得你的上司會怎麼想呢？」

「可能會覺得你是一個軟弱，甚至是無法分辨表現好壞的人。」

「很精準的回答，」經理說，「在大部分的組織裡，為了看起來像是一個好經理，你必須要能抓出做錯事的人。你得將所有人分類，分成幾個贏家、幾個輸家以及絕大多數表現平庸的人。」

「我記得，有一次我去孩子的學校參觀，看到一位五年級的老師正在舉行地理隨堂考試。我好奇地問老師，為什麼不讓學生看地圖回答，她說：『不行，這樣大家都會考一百分。』好像大家都考一百分是一件壞事一樣。」

「而且，其實不是每個人都懂得善用手中的資源，因此也未必大家都能獲得滿分。但重點是，為什麼不讓大家都有機會當個贏家呢？」

經理繼續說道：「我曾經讀過一個故事，在那個大家都記得自己電話號碼的時代，有一天，有人問愛因斯坦他家的電話號碼，沒想到，他竟然跑去找電話簿。」

「他說，因為是找得到的資訊，那他就用不著浪費腦袋的空間。試想，如果你不清楚當事人背景，你會怎麼看一個連電話號碼都記不起來的人？你會直覺認為他是個贏家還是輸家呢？」

年輕人揚起嘴角說：「大概會是個輸家。」

「沒錯，」經理回答道。「我也會這樣想。但事實證明我們都錯了，不是嗎？」

年輕人忍不住點點頭，十分認同他的觀點。

「任誰都可能輕易地犯下這種錯誤，」經理說。接著他又比了比電腦上的畫面，「你看看這個。」

人人都有潛力成為贏家
但有些人會偽裝成輸家
別讓他們的外表蒙騙了你

「你想想看，」經理說道，「身為經理，你有三種選擇。一、雇用贏家，他們稀有且昂貴。二、如果你找不到贏家，你可以雇用一些有潛力的人，透過系統性的訓練幫助他們成為贏家。」

「如果你兩種都不想要──我很驚訝有那麼多經理不願意花大錢雇用贏家，也不願意花時間培育一個人成為贏家──那麼你只剩下最後一個選項，那就是『祈禱』。」

年輕人聽聞後有些僵住，說道：「祈禱？」

經理委婉地笑了笑。「這是我自創的幽默。但你想想，年輕人，有多少經理天天都祈禱著『拜託給我一個能用的人吧。』」

年輕人笑了，接著說：「如果能直接雇用贏家，就能輕易成為一分鐘經理了，對吧？」

「那是當然，」經理微笑著說，「雇用贏家的話，你只需要設定一分鐘目標，接下來就等著看他發揮就好。」

「就像我聽強．理維說，有時候他甚至都不需要你跟他一起設定一分鐘目標。」

「是這樣沒錯，」經理說，「相較其他工作夥伴，他更容易被我忘記。但不管是誰，贏家或潛力股，設定策略性的一分鐘目標都是收穫成果最基礎的工具。」

「不管是誰擬定一分鐘目標，」年輕人問，「每個目標都必須要濃縮成一頁，包含預定完成的日期，是這樣嗎？」

「是的，沒有錯。」

「為什麼？」

「這樣人們才能每天快速地審視目標，確認自己的所作所為不會與目標互相牴觸。」

「我聽說你只讓他們把最主要的目標與職責寫下，而非所有工作內容。」年輕人說。

「是的。因為我不想要一堆不知道會被塞到哪裡，只有績效考核或設定明年目標時，才會被拿出來看的廢紙。」

「你可能已經注意到了，我們團隊的成員會把這些目標計畫書當作重要的備忘錄放在身邊。」他遞給年輕人一張卡片，上面寫道：

花一分鐘看看你的目標
再花一分鐘看看你的行動
檢查你的行動是否符合
你的目標

這幾句簡潔有力的話，帶給年輕人不小的震撼。

「我可以把這些話抄下來嗎？」他問。

「當然可以，」經理說。

這位充滿抱負的未來經理，一邊提筆寫下筆記，一邊說道：「你知道嗎，要在短時間之內學會所有關於一分鐘管理術的內容，真的不是一件容易的事。」

「關於一分鐘目標，我還有好多想學的。但我們可以先接著討論一下一分鐘讚美嗎？」

「當然可以。我猜你也想知道一分鐘讚美為何有效？」

「嗯，我知道大家都喜歡被稱讚。但一直被稱讚難道不會覺得越來越虛偽嗎？」

經理回答道：「這要看讚美的內容是否符合事實，而且是發自內心的稱讚。」

Why One Minute Praisings Work

一分鐘讚美為什麼有效？

「讓我們來看看幾個例子。也許可以讓你更加了解一分鐘讚美為什麼有效。」

「樂意之至。」年輕人說。

「第一個例子是父母教孩子學走路。你可以想像會有父母把小孩扶起來，然後跟他說：『走路』，而小孩要是跌倒了，就再把他扶起來，打他屁股，然後說：『我不是叫你走路嗎？』」

「真實的情況應該是，你試著把寶寶扶起來，第一天他還會搖搖晃晃

的，但你會興奮地說：『他站起來了！他站起來了！』接著擁抱並親吻他。第二天，寶寶自己站立了一會兒，甚至還走了一小步，而你也開心地對他又親又抱。」

「寶寶發現這個遊戲好像蠻好玩的，於是開始愈來愈常用腳站著，直到有一天他終於學會了走路。教孩子說話也是一樣的。假設你想要寶寶說：『請給我一杯水。』如果你堅決要等到寶寶說出一句完整的句子才願意給他水，那寶寶可能早就渴死了。」

經理繼續說道，「所以，一開始你會先對他說：『水、水。』直到有一天寶寶突然開口說了：『雖。』你可能會興奮地手舞足蹈，給他熱情的親吻或擁抱，接著打電話給爺爺、奶奶，讓他們也聽聽寶寶說：『雖雖。』雖然不是『水』的發音，但也很接近了。」

「但你可不希望寶寶二十一歲的時候還在餐廳說『雖雖』，所以慢慢的你開始只會接受『水』這個發音，接著再加上『請』這個字。」

「這些例子都說明了要幫助人們成為贏家，最重要也是最自然的方法就是找出他們一開始就做得差不多正確的地方，而後再慢慢地往理想的方向前進。」

「所以，訓練人才一開始的關鍵是，」年輕人說，「找出人們大致做對的事情，直到他們最後能做得完全正確。」

「看來你已經懂了，」經理說。「透過設定一系列的目標，讓他們能夠更輕易地不斷達標。」

「無論是工作，或者生活都是如此。你不需要經常替贏家找出他們做對的事，因為優秀的執行者會自我意識到自己在做正確的事。但對於還在學習的人來說，來自他人的讚美與鼓勵是很有幫助的。」

年輕人問道：「這就是為什麼你會花比較多的時間觀察菜鳥，或者剛開始一項新計畫的老鳥嗎？」

「是的。大部分的經理會等到下屬終於完全做對事情的時候，才會稱讚他們。結果就是，許多人失去了成為傑出人才的機會，因為他們的經理專挑他們做錯的事——也就是任何沒有達到預期標準的行為。」

「聽起來不是一個非常有效率的方法。」年輕人說。

「真的不是，」經理也說，「很遺憾的是，許多公司都是這樣對待沒有經驗的新人。他們歡迎新人入職，將他們介紹給大家，接著就撒手不管了。他們不只沒有找出新人做得差不多對的事，甚至還會定期『電電』他們，督促他們改進。」

「這種管理方式流行了很長一段時間。我稱此為放養電人模式。你放養一個員工，期許他有所表現，而當他無法達標，你就開始電他。」

「這些人最後會變得怎麼樣呢？」年輕人問。

「如果你到過其他公司，就我所知，你已經拜訪過不少單位了，你就應該知道，也看過這些人。他們會盡可能地少做少錯。」

年輕人又笑道：「你說得沒錯，我的確看過。」接著他補充說：「和那種經理一起工作過，你就知道為什麼有那麼多人不喜歡工作了。」

經理表示贊同：「的確如此。他們會變得對眼前的工作不再上心，也不再關心自己到底做得好不好。」

年輕人說：「我好像開始明白一分鐘讚美為什麼有效了。這比只著眼於錯誤好多了。」

接著他又說：「很有趣的是，你的話讓我想起了一些朋友。他們養了寵物之後，問我對於他們訓練狗狗的方式有什麼想法。」

「我有點不敢往下聽了，」經理說，「他們怎麼做呢？」

「他們說，如果狗不小心在地毯上小便了，他們就要把狗的頭按在地毯上，用報紙打牠的屁股，然後把牠從廚房的窗戶丟到院子裡——那才是牠應該小便的地方。」

經理笑了。

「接著他們問我，認為這個方法成效將會如何。我尷尬地笑了笑，因為我知道會發生什麼事——而現實也果真如此。三天之後，狗在地毯上留下大便，接著從窗戶跳了出去。狗不知道牠該怎麼做，只知道牠應該要逃離現場。」

經理高聲大笑表示贊同，「這個故事太棒了。對於還在學習的人來說，懲罰是沒有幫助的。」

「比起懲罰那些沒有經驗、尚在學習的人，我們應該要幫助他們檢討。包含重新設定一分鐘目標，確保他們知道自己該做些什麼，以及何謂好的表現。」

年輕人好奇地問：「做完這些步驟之後，你還會繼續找出他們大致做對的事情嗎？」

「是的。一開始的時候，你必須無時無刻注意有沒有能給予一分鐘讚美的機會。」

接著，經理直勾勾地望向年輕人的眼睛，說道：「你是個很有熱情與敏銳度的學習者。我很高興能與你分享一分鐘管理術的三個祕密。」

他們相視而笑，彼此知道這就是一分鐘讚美。

「被讚美好過被檢討，」年輕人說，「我想我明白一分鐘目標和一分鐘讚美為什麼有效了。這完全說得通。」

「但一分鐘檢討又為什麼有效呢？」

一分鐘檢討為什麼有效？

經理解釋道：「一分鐘檢討會如此有效的原因有好幾個。」

「首先，因為早期發現錯誤，所以檢討的份量並不大。」經理繼續說，「許多經理會不斷觀察並累加下屬的不良表現，直到忍無可忍，就像在積攢火藥庫一樣。等到定期績效考核時，這些經理多半都會因為他們滿載的火藥庫而感到憤怒，並選擇把所有的不滿一次性地宣洩出來。」

「他們會開始細數每個人做錯的每一件事，無論是上禮拜、甚至是好幾個月前發生的事。對於當事人來說，這樣由小錯累積出來的負能量對他

們並不公平，也沒有效益可言。」

年輕人深深地嘆了一口氣，「非常寫實。其實在家庭生活裡也會發生這樣的事。」

「是的，有些家長或伴侶也習慣在家裡這樣做。他們同樣得到不好的結果。因為這會導致人們不願面對事實，或者選擇保持沉默但心懷怨恨。很多時候人們也會因此變得充滿防備，不肯承認自己的錯誤。」經理說，「這也是放養電人模式中的一種溝通方式。如果經理能在錯誤初期就提出意見，就能按部就班地處理每個問題，而下屬也才有機會靜心聆聽回饋意見，而不至於難以承受。這也是我認為績效考核應該是一個持續進行的過程，而不是一年一度的原因。」

「所以這就是一分鐘檢討為什麼有效的原因嗎？因為經理能夠公平且

清楚地處理個別問題，讓部屬也更願意聆聽意見。」

「是的。我們想要的是除去錯誤，但保留人才。所以我們不會因為一個錯誤而去攻擊當事人本身。」

「這也是為什麼你特別強調在一分鐘檢討的後半部分要給予當事人讚美嗎？」

「沒錯，因為一分鐘檢討的目的是要幫助人們成長，而不是扼殺他們。」經理進一步解釋，「當人們感受到自我受到攻擊，便會下意識地想要防衛，甚至為此而扭曲事實。而當一個人心生防備時，是學不到任何東西的。」

「所以，你將他們的行為與他們本身的價值分開，並將重點聚焦在問題本身，並在之後重新給予他們信心，以避免傷及他們的自尊。」年輕人思考後說道，「你希望在你轉身離開後，部屬能認真思考他們的所作所為，而不是扭頭向同事抱怨上司不公、領導無能。最後反而變成他們不僅無法反省自身錯誤，經理也成了壞人。」

年輕人接著問道：「那為什麼不先讚美他們再進行檢討呢？」

「基於某種原因，這樣是行不通的。我想起有些人會說我是個和善又嚴格的經理，但其實我應該是嚴格又和善才對。」

「嚴格又和善？」年輕人重複道。

「對，這樣的順序才對。這是上千年來運行無礙的古老哲學。有個中國的古代故事就是在闡述這個道理。」

「很久很久以前，有一位皇帝任命了一位宰相，指派他為自己的二把手。皇帝對他說：『我們來分工合作吧。我來負責所有獎賞，你來負責所有處罰吧！』宰相說：『好的。臣會負責所有的處罰，皇上只需要負責所有的獎賞即可。』」

「我想我應該會喜歡這個故事，」年輕人說。

「你會的。」經理給了他一個了然於心的微笑。

「不久後，皇帝發現，當他要求人們去做某件事的時候，他們不一定會聽從他的指示，有時候會，有時候不會。但當宰相發出指示時，大家絕對都會服從。於是皇帝將宰相召回，對他說：『讓我們重新分工吧。你已經負責處罰大家好一陣子了。從今以後換我來負責處罰，你來負責獎賞吧。』於是他們便互換了職責。」

「一個月不到，國內就發生了暴動。從前親切、友善、樂於獎賞的皇帝，突然開始懲罰大家。人們忍不住問：『那個老好人去哪了？』接著，他們便推翻了皇帝。當他們開始尋找新的替代人選時，有人說：『你們知道誰最近越變越好了嗎？就是宰相大人！』於是他們便推舉宰相成為了新的皇帝。」

「這是真實故事嗎？」年輕人問。

「誰知道呢？」經理露出一抹微笑。

「認真說，」他補充道，「我只知道：當你先針對壞表現展現出嚴格的一面，再針對當事人釋出善意表示支持，效果就是比較好。」

「你有與一分鐘檢討相關的現代案例嗎？與商業無關也可以。」

「當然有。美國的教練其實都在使用與一分鐘檢討相似的方式來提升運動員的表現。例如說，有個很出名的教練就曾經告訴我，他用這種方法訓練出了冠軍隊伍。」

「他做了些什麼？」

「他說有一次，在一場極為重要的比賽當中，他隊上最優秀的一名球員卻表現得糟糕透頂，倘若他無法馬上恢復狀況，他們勢必會輸掉那場比賽。所以他決定讓這名球員下場坐冷板凳。」

「他最優秀的球員嗎？」年輕人問，「他怎麼敢在重要的比賽當中把他趕下場？」

「他不敢。但除非那位球員能拿出最好的表現，否則他們鐵定是無緣晉級決賽的。」

「當那位球員坐在休息區時，教練一一告訴他，他哪裡做錯了。他說：『你錯過一大堆上籃的好機會、籃板沒搶到、防守也很鬆懈。我非常生氣，我感覺不到你有在嘗試努力。』」

「接著，教練沉默了一會兒，才又開口說道：『你的表現不應該只有如此。在你準備好拿出全力之前，你得一直坐在這裡。』在過了彷彿一個世紀那麼久之後，那名球員站了起來，走向教練並說：『我準備好了，教練。』」

「教練回他：『那就趕快滾回場上，讓我看看你的能耐吧。』當那名球員再次回到場上，他開始大展身手，瘋狂搶球、搶籃板、不斷投籃得分。也多虧他的全力以赴，使他們得以重整旗鼓，最終贏得了比賽。」

「所以，基本上，」年輕人說，「教練做了強教過我的三件事：告訴對方，他做錯了；告訴他，你的感受；提醒他，他的能力不只這樣。」

「換句話說，他的表現可能不好，但他這個人，很好。」

「就是這樣。領導眾人時很重要的一點就是必須提醒他們，表現與價值是兩回事。而最有價值的是能夠管理自己行為的人。」

「這個道理也適用在我們管理自己的時候。」

「老實說，如果你了解這個道理，」經理邊說邊開啟另一個電腦視窗，「你就會知道如何做到一個成功的一分鐘檢討。」

我們不等於我們的行為
我們是管理自身行為的人

年輕人說：「感覺一分鐘檢討當中，也包含了尊重與關懷。」

「我很開心你注意到了這點，年輕人。尊重你想要檢討的對象，也是讓你更邁向成功的方法。」

年輕人對於自己的下一個問題感到有些遲疑，「雖然一分鐘讚美與一分鐘檢討都非常有效，但會不會有點像是在操縱人們，讓他們完成你想完成的事呢？」

「很棒的問題。操縱是指欺騙他人來獲得好處。如果你發覺自己正在操縱別人，那就代表你做錯了，而且有朝一日可能會被這樣的行為給反咬。」經理解釋道，「你的任務是要示範如何管理自己並樂於工作給大家看。你會希望就算你不在，他們也都能做得很好。」

「這也是為什麼需要事先讓大家知道，你要做什麼、以及你這麼做的原因這麼重要了。」

「工作之外的生活也是如此。人生不如意十之八九。以誠相待會讓事情容易一些。你或許也已經察覺，待人不誠終將導致喪失人心。」

「我現在終於懂了，」年輕人說，「為什麼你的管理會如此地有力量——因為你在乎人。」

「是的，我的確在乎。不過我也在乎結果喔！」

年輕人開始更加深刻地體會到，人與結果何其息息相關。

他想起第一次見到這位特別的一分鐘經理時，他還以為他是個不太和善的人。

經理彷彿看穿了他的心思，「有時候，正因為在乎所以才嚴格——只是嚴格的對象是表現而非人。」

「你肯定也已經知道了，犯錯並不是問題之所在。最大的問題是無法從錯誤中學習。」

年輕人問：「那如果對方在一分鐘檢討之後，卻還是不斷犯下相似的錯誤呢？」

「嗯，讓我問你，你覺得遇到這種狀況，經理會感覺如何呢？」

「應該會很不開心、很焦躁，甚至很憤怒。」

「沒錯。此時，你需要休息一下，冷靜地分析狀況，這樣你的情緒才不會使你犯錯。」

「一分鐘檢討的用意是為了幫助人們學習。然而，當一個人已經學會了某項課題，也證明了他有能力可以辦到，但展現出來的卻是不願意去做的態度，這時候你就必須權衡公司利益，思考是否要將這樣的人繼續留在團隊當中。」

年輕人覺得這些話聽起來很有道理。

他漸漸喜歡上這位一分鐘經理，也明白為什麼人們會喜歡在這裡工作了。他們是和他一起工作，而不是為他工作。

年輕人說：「不知道你有沒有興趣看看這個。這是我寫下來提醒我自己，目標和結果是息息相關的，以及一分鐘目標、一分鐘讚美與一分鐘檢討如何聯合運作的筆記。」他打開筆記本，其中一頁寫道：

目標帶動現在的行為

結果影響未來的行為

「寫得很棒！」經理說。

「你真的這樣覺得嗎？」年輕人問道，似乎想再次聽到讚美。

「年輕人，」經理態度輕鬆地說，「我又不是真人錄音機。我可沒有時間再說一遍。」

正當年輕人以為他會被再度誇獎時，卻好像反而被經理一分鐘檢討了一下。

聰明的年輕人拉長了臉，說了聲：「蛤？」

兩人對視了一會兒，接著不約而同大笑了起來。

「我喜歡你，年輕人，」經理說，「你想不想在這裡工作呢？」

年輕人一臉驚訝地望著他：「你是說來這裡為你工作嗎？」他興奮地問道。

「不是為我，是為你自己工作，就像我們團隊的每個人一樣。我不相信有人真的會為他人工作。說到底，大家其實都喜歡為自己工作。」

「我們的團隊成員就像彼此的夥伴一樣，我們一起找出進步的方法。我盡我所能地協助他們做得更好，在這個過程當中，大家除了樂在工作，也能樂在生活，並且對公司來說，我們都是有價值的。」經理所描述的這一切，無疑，就是年輕人一路上所不斷追尋的。

「我很樂意在這裡工作，」他說。

於是，年輕人進入了這間公司。

隨著時間流逝，他持續在這位充滿創新精神的經理身上，學到了無數寶貴的經驗。

而最後，那件必然發生的事情，也印證在他身上……

他，也成為了新的一分鐘經理。

Another New One Minute Manager

新一分鐘經理的誕生

不只是思路與言談，他領導與管理的方式，真正造就了他成為一位新一分鐘經理。

他讓事情保持單純。

他訂定一分鐘目標。

他給予一分鐘讚美。

他進行一分鐘檢討。

他會提出簡短卻重要的問題、說出簡單的事實、開心歡笑、認真工作，並且享受生活。

更重要的是，他不僅管理眾人，也引導眾人發揮創意，勇於嘗試新的事物。他更鼓勵身旁的人仿而效之。

他甚至做了口袋版本的管理流程圖，來幫助其他人更輕而易舉地成為新一分鐘經理。他會將這份實用的禮物送給所有他認為能夠從中獲益的人。

流程圖如下：

新一分鐘經理的管理流程圖

The New One Minute Manager's Game Plan

開始

首先告知人們你將會採取哪些行動來幫助他們成為贏家。

↓

一分鐘目標

- 釐清目標為何
- 示範什麼是理想的表現
- 將每個目標整理成一頁
- 時常快速地複習目標
- 鼓勵人們注意自己的所作所為是否與目標相符
- 若否，督促人們改變行為以邁向成功

（目標部分或完全達成）

你贏了！

↓

一分鐘讚美

- 讚揚其行為
- 立即稱讚、語言明確
- 表達你的感受
- 停頓一會讓其沉浸喜悅
- 鼓勵人繼續保持

↓

邁向更多成功

（目標未達成）

你輸了！

幫助你變成贏家

↓

一分鐘檢討

- 重新釐清目標並確認雙方對於目標有共識
- 釐清事情原委
- 立即指出錯誤
- 表達你的關切
- 停頓一會使其反思錯誤
- 告訴人們，他們有能力做得更好，而且你相當珍惜他們的才華
- 對話結束即結束

↓

追求更佳表現

Notes

給自己的禮物

A Gift to Yourself

多年以後，當年輕人再次想起他第一次聽到一分鐘管理術的時候，那彷彿已經是好久之前的事了。

自他第一次見到一分鐘經理開始，公司便不斷被要求變得更加靈活與隨機應變。他十分感謝那位特別的經理毫不藏私地與他分享智慧。

事實證明，他所傳授的學問無比珍貴。

他一直記得，他承諾過經理要把他所學到的東西分享給其他人。他打開了過去的筆記，並發送複本給所有的團隊成員。

大家閱讀過後，都表示三個祕密真的改變了一切。

他們發現讚美是個強大的武器，尤其若能平衡使用讚美與有效的檢討，將能使目標更快達成。

許多人更透露，他們嘗試在家中使用這套方法，並且十分享受與家人們互相找出彼此做對的事。

麗茲．阿奎諾也曾特別造訪他的辦公室，並對他說：「感謝你跟我分享了三個祕密，我現在有更多時間了。」

他回道：「我們要感謝的應該是新一分鐘經理才對。」

坐在辦公桌前，他意識到自己有多麼地幸運。

如今，他有時間思考、計畫，並給予公司所真正需要的。

他有了更多空閒能陪伴家人，並追求其他興趣。他甚至有時間用來好好放鬆。和其他經理人相比，他很幸運地並未感受過太多的壓力。

因為他的團隊是如此地優秀。比起其他部門，他的部門很少出現昂貴的人資費用、病假以及曠職等問題。

當他回首過去，他很慶幸自己沒有畏首畏尾，深怕自己做錯，而是馬上就開始使用了一分鐘管理術。

他曾向他的團隊坦承：「我並不習慣告訴別人他們有多好，或者說出自己的感受。我也不能保證自己在進行一分鐘檢討時，永遠不會忘記提醒你，我有多麼看重你、相信你。」

當時，他聽到有人說：「至少你可以試試看吧！」，他不禁笑了。

詢問人們是否願意在這樣的經理手下工作，以及承認他或許沒辦法永遠盡善盡美，光是這樣，他就已經踏出了極為重要的一步。

他讓人們在事前就了解到，他從一開始就是站在他們這一邊的。而這也改變了一切。

A Gift to Others

給他人的禮物

他深深地沉浸在思緒當中，所以當電話突然響起時，他嚇了一大跳。

他接起電話，助理對他說：「早安。線上有一位年輕女性想知道她能否來這裡了解一下我們的管理方式。」

他微笑，想起了自己年輕時的經歷說道：「我很樂意見她，」

不久後，當他見到那位開朗的年輕女性時，他說：「我很榮幸能與你分享我在領導與管理方面所學到的知識。」

他邀請她坐下並補充道：「我只有一項要求。」

「什麼要求呢？」訪客問。

「很簡單，」他說，「如果你覺得我說的東西有用，請你……」

與他人分享

Notes

致謝
Ackowledgments

這些年來，我們從其他人身上學到了很多東西，受其影響頗深。在此我們想公開感謝並歌頌：

賴瑞・休斯（Larry Hughes），感謝他以獨特、充滿創意的方式協助本書的初版發行。

傑瑞德・尼爾森醫師（Drs. Gerald Nelson）與理查・雷瓦克（Richard Levak），感謝他們與我們分享親子教育中的一分鐘管教原則。一分鐘檢討即是由此改編而來。

艾略特・卡萊醫生（Dr. Elliott Carlisle），感謝他指導我們如何有效地分派工作。

湯瑪斯．寇乃蘭（Dr. Thomas Connellan），感謝他傳授我們讓行為概念與理論變得清晰並易於所有人理解的方法。

保羅．荷西醫生（Dr. Paul Hersey），感謝他告訴我們如何從行為科學的角度切入觀點。

桃樂絲．強爾德醫生（Dr. Dorothy Jongeward）、杰．謝洛夫（Jay Shelov）與艾比．華格納（Abe Wagner），感謝他們教會我們如何溝通與體諒他人。

羅伯特．洛博醫生（Dr. Robert Lorber），感謝他傳授我們有關商業與產業界中結果管理的知識。

肯尼斯．馬耶爾醫生（Dr. Kenneth Majer），感謝他傳授我們有關設定目標與期望表現的知識。

卡爾．羅傑斯醫生（Dr. Carl Rogers），感謝他教會我們個人誠信與開誠布公的重要性。

路易斯．泰斯（Louis Tice），感謝他傳授我們人類潛能開發的相關知識。

也謝謝我們優秀的文學經理瑪格麗特・麥布萊德（Margret McBride）；理查・安卓（Richard Andrews），我們最棒的編輯南西・凱希（Nancy Casey）以及瑪莎・勞倫斯（Martha Lawrence）；我們才華洋溢的設計師派翠克・皮耶（Patrick Piña）以及飛・艾奇遜（Faye Atchison），感謝他們一路上對我們的幫助。

關於作者
About the Authers

肯．布蘭佳（Ken Blanchard），世界上最有影響力的領導專家之一。是標誌性的暢銷書籍《一分鐘經理》以及六十餘本書的共同作者，總銷售量超過兩千一百萬本。這些充滿開創性的作品已被翻譯超過42種語言，也讓他成為史上前25名最暢銷作家，並入選2005年亞馬遜名人堂。

他與妻子瑪姬（Margie）共同創辦了總部位於加州聖地牙哥，名為肯．布蘭佳公司（The Ken Blanchard Companies®）的國際管理訓練暨顧問公司，以及傳授僕人式領導方針的國際組織Lead Like Jesus。

肯憑藉他對管理、領導與演說專業的貢獻，榮獲了無數獎項與榮譽。美國演說家學會給予其理事會成員傑出表現獎的最高榮譽；國際演講協會將其選入《訓練雜誌》HRD名人堂並贈予金槌獎；ISA教育家協會則為其頒發了一座思想領導獎。

除了演講行程外，肯也任教於聖地牙哥大學的執行領導碩士學程。

他生於紐澤西州，長於紐約，在柯爾蓋特大學取得碩士，並在康乃爾大學取得學士及博士學位。

史賓賽·強森（Spencer Johnson）醫生是受到全世界讚譽的思想領袖與暢銷作家之一。他的著作已經深深地成為了美國語言與文化的一部份。

今日美國（USA Today）曾封他為「寓言之王」，因為他是公認最會處理複雜議題與找出簡單解方的人之一。他短小精煉的著作中蘊含重要的觀點與實用的工具，幫助數以百萬人得以擺脫壓力，享受更多的快樂與成功。

他在紐約時報（New York Times）的十三本暢銷書中包含《誰偷走了我的乳酪？》（Who Moved My Cheese?）以及與肯·布蘭佳共同創作的《一分鐘

經理》（The One Minute Manager）。

在這個年代，許多人開始質疑過度簡化的答案，但數以百萬的讀者在史賓賽醫生的書中找到了無價卻簡單的真理。

史賓賽醫生畢業於南加州大學，主修心理學，並於英國皇家外科學院取得碩士學位，而後前往梅奧醫院與哈佛醫學院實習深造。

他以研究型醫生的身分任職於通識教育中心，並身兼哈佛商業學院的領導學者，以及哈佛康乃迪政治學院公眾領導中心的顧問。

其著作已發行超過5000萬本並被翻譯成47國語言。

邁向下一步

Take the Next Step

新一分鐘經理的管理課程

《一分鐘經理》是過去三十多年來，每個經理書架上不可或缺的法寶。現在，透過探索全新改版《一分鐘經理》的智慧，你將能夠開發自我管理潛能，並建立邁向成功的實用技巧。若你想知道如何成為更有效率的經理人，請拜訪kenblanchard.com的網站。

肯．布蘭佳公司致力於運用各種方法，包含本書中所提及的概念，幫助全球各地的公司改善營運表現、員工績效以及客戶忠誠度。若您的公司／團體想知道更多資訊，請透過以下方式聯繫我們：

The Ken Blanchard Companies

The Leadership Difference®

全球總部電話：+1-760-489-5005

中文團隊聯繫電話：(02) 8502-2628

聯絡我們：kenblanchard.com/inquire

官方網站：www.kenblanchard.com

中文官方網站：www.kenblanchard.com.tw

更多史賓賽醫生的相關著作，請上www.spencerjohnson.com。

國家圖書館出版品預行編目（CIP）資料

一分鐘經理（全新改版）：每天花一分鐘，有效率的領導並激勵跟你肩並肩的夥伴／肯・布蘭佳（Ken Blanchard）、史賓賽・強森（Spencer Johnson）著；Monica Chen 譯. -- 三版. -- 臺中市：晨星出版有限公司，2023.06
面；　公分. --（勁草叢書；542）
譯自：The new one minute manager

ISBN 978-626-320-382-2（平裝）

1.CST: 企業管理

494　　112000986

勁草叢書 542

一分鐘經理【全新改版】

每天花一分鐘，有效率的領導並激勵跟你肩並肩的夥伴

The new one minute manager

歡迎掃描QR CODE，
填線上回函

作者 肯・布蘭佳（Ken Blanchard）、史賓賽・強森（Spencer Johnson）
譯者 Monica Chen
編輯 陳詠俞
封面設計 高郁雯 Aillia kao
美術設計 黃偵瑜

創辦人 陳銘民
發行所 晨星出版有限公司
407台中市西屯區工業30路1號1樓
TEL:（04）23595820　FAX:（04）23550581
E-mail:service@morningstar.com.tw
https://www.morningstar.com.tw
行政院新聞局局版台業字第2500號
法律顧問 陳思成律師
出版日期 西元2023年06月01日　三版1刷
西元2024年06月01日　三版2刷

讀者服務專線 TEL:（02）23672044 /（04）23595819#212
讀者傳真專線 FAX:（02）23635741 /（04）23595493
讀者專用信箱 service@morningstar.com.tw
網路書店 https://www.morningstar.com.tw
郵政劃撥 15060393（知己圖書股份有限公司）

印刷 上好印刷股份有限公司

定價350元

ISBN 978-626-320-382-2

THE NEW ONE MINUTE MANAGER by Kenneth Blanchard, Ph.D. and Spencer Johnson, M.D.
Copyright © 2015 by Blanchard Family Partnership and Candle Communications, Inc.
Complex Chinese Translation copyright © (2023)
by Morning Star Publishing Inc.
Published by arrangement with William Morrow, an imprint of HarperCollins Publishers, USA
through Bardon-Chinese Media Agency
博達著作權代理有限公司
ALL RIGHTS RESERVED
版權所有・翻印必究
（如書籍有缺頁或破損，請寄回更換）